Stefan Seehagen

Klientelismus und Korruption als Form informeller Netzwerke

GRIN Verlag

Impressum:

Copyright © 2004 GRIN Verlag GmbH
Druck und Bindung: Books on Demand GmbH, Norderstedt Germany
ISBN: 978-3-656-69577-6

Dieses Buch bei GRIN:

http://www.grin.com/de/e-book/109364/klientelismus-und-korruption-als-form-
informeller-netzwerke

GRIN - Your knowledge has value

Der GRIN Verlag publiziert seit 1998 wissenschaftliche Arbeiten von Studenten, Hochschullehrern und anderen Akademikern als eBook und gedrucktes Buch. Die Verlagswebsite www.grin.com ist die ideale Plattform zur Veröffentlichung von Hausarbeiten, Abschlussarbeiten, wissenschaftlichen Aufsätzen, Dissertationen und Fachbüchern.

Besuchen Sie uns im Internet:

http://www.grin.com/

http://www.facebook.com/grincom

http://www.twitter.com/grin_com

LMU München

Klientelismus und Korruption
als Form informeller Netzwerke

Stefan Seehagen

2004

Abbildungsverzeichnis

1 Einführung

Seit etlichen Jahren erfreut sich das Netzwerkkonzept sowohl in der Wirtschaftspraxis und Industriepolitik als auch in ökonomischer und sozialwissenschaftlicher Forschung einer ungebrochenen Beliebtheit. Das Netzwerk als Organisationsform zwischen Markt und Hierarchie, die soziale Einbettung wirtschaftlicher Aktivitäten, horizontale Unternehmenskooperationen zur Steigerung von Flexibilität und Effizienz sowie Innovationsnetzwerke und kreative Milieus seien hier als einige Aspekte der ökonomischen Netzwerkdiskussion genannt
(vgl. Weyer 2000: 4).

Der Netzwerkbegriff ist jedoch weiter zu fassen. Die soziologische Perspektive versucht Phänomene wie norm- und wertorientiertes, kommunikatives und solidarisches Handeln sowie den Wert sozialer Anerkennung und personaler Beziehungen mit dem Konzept des sozialen Kapitals zu erklären. Soziale Netzwerke sind somit eine eigenständige Form der Koordination von Interaktion, deren Kern die vertrauensvolle Kooperation autonomer, aber interdependenter Akteure ist (vgl. Weyer 2000: 11).

Gerade vor dem Hintergrund einer voranschreitenden Internationalisierung und Globalisierung der Wirtschaft gewinnt die sozialwissenschaftliche Netzwerkforschung zunehmend an Bedeutung. Auslandsinvestitionen erfordern eine bestmögliche Kenntnis der jeweiligen gesellschaftlichen und kulturellen Gegebenheiten vor Ort, um am Markt bestehen zu können (vgl. Dülfer 1995: 270ff.). Zur jeweiligen kulturräumlichen Identität gehören auch bestimmte Formen informeller sozialer Beziehungsnetzwerke. Neben Freundschafts- und Familiennetzwerken kann dies vor allem der Klientelismus sowie die Korruption als Reaktion auf das Versagen informeller Netzwerke sein
(vgl. Rehner 2004: 38).

Die letztgenannten Phänomene, der Klientelismus und die Korruption, sind Gegenstand dieser Arbeit. Neben umfassenden Begriffsbestimmungen werden auch deren Auswirkungen auf das Handeln der Akteure sowie verschiedene Ausprägungen vor unterschiedlichen kulturellen Hintergründen beleuchtet. Zur thematischen Einordnung erfolgt zunächst eine kurze Einführung in die ökonomische und soziologische Netzwerktheorie, im Anschluss werden Klientelismus und Korruption genauer betrachtet und deren Auswirkungen unter wirtschaftsgeographischen Gesichtspunkten analysiert.

2 Netzwerke in ökonomischer und sozialer Perspektive

Wie bereits erwähnt wird an dieser Stelle zunächst ein kurzer Überblick über die Netzwerktheorie aus ökonomischer und sozialer Perspektive gegeben. Anschließend erfolgt eine Einführung in die Thematik informeller Netzwerke, worauf in Kap. 3 und 4 ausführlich der Klientelismus und die Korruption beleuchtet werden.

2.1 Netzwerke in der Transaktionskostenökonomie

Der wirtschaftswissenschaftliche Denkansatz der Transaktionskostenökonomie fragt nach Effizienz und Problemlösungsfähigkeit unterschiedlicher unternehmerischer

Organisationsformen und stellt dabei insbesondere Markt und Hierarchie als fundamental unterschiedliche Formen dar. Die vor allem auf Oliver Williamson zurückgehende Theorie versucht herauszufinden, warum bestimmte Transaktionen auf dem Markt erfolgen, andere hingegen in Unternehmen mit festen Strukturen und Regeln (Hierarchie) vollzogen werden (vgl. Weyer 2000: 5). Dabei wird unterstellt dass stets die Organisationsform gewählt wird, die eine Minimierung der Transaktionskosten in Form von Anbahnungs-, Vereinbarungs-, Abwicklungs-, Kontroll- und Anpassungskosten erlaubt (vgl. Picot, A., Dietl, H. und Franck E. (1999)9: 67).

Im Gegensatz zur klassischen Ökonomie bestehen in der Grundannahme begrenzter Rationalität sowie opportunistischen Verhaltens der Akteure klare Erweiterungen des Idealbildes homo oeconomicus (vgl. Rehner 2004: 72). Die Theorie geht nun davon aus, dass sich durch den Aufbau strategischer Netzwerke Möglichkeiten der Reduktion von Transaktionskosten ergeben. Insbesondere das Risiko opportunistischen Verhaltens kann auf diese Weise minimiert werden, da die entstehenden Abhängigkeiten bessere Kontrollmöglichkeiten ergeben und sich zudem eine gewisse Interorganisationskultur bildet, welche die Basis für langfristige Absprachen und Kooperationen schaffen kann. Außerdem ermöglicht das Netzwerk den Abbau von Kommunikationshemmnissen und somit bessere Kenntnis der Stärken und Schwächen des Transaktionspartners sowie ein reduziertes Qualitätsrisiko (vgl. Rehner 2004: 74).

Die Transaktionskostentheorie ist im Hinblick auf die Netzwerkforschung immer wieder kritisiert und erweitert worden. Gerade aus wirtschaftsgeographischer Perspektive ist die Arbeit von Scott (1988) zu nennen, der den Zusammenhang von Transaktionskosten und räumlicher Nähe beweist (vgl. Bathelt, H. u. Glückler, J. 2002: 159).

Dieser kurze und keinesfalls vollständige Überblick über die Transaktionskostentheorie als Ausgangspunkt der ökonomischen Netzwerkforschung soll an dieser Stelle aufgrund des Umfangs und des anders gearteten Schwerpunktes dieser Arbeit ausreichen.

2.2 Netzwerke und soziales Kapital

Ein wichtiges Instrument zur Analyse sozialer Strukturen und der Einbettung von Akteuren ist der Begriff des sozialen Kapitals (vgl. Weyer 2000: 36). Der Kern des Sozialkapitalansatzes ist die Interpretation sozialer Beziehungen als Ressource. Der aus der Systemtheorie stammende Zusammenhang besagt, dass die Wirkung eines Ganzen größer sein kann als die Summe der Einzelbestandteile, und zwar aufgrund der Beziehungen zwischen diesen. Im Unterschied zu sonstigen Ressourcen befindet sich soziales Kapital jedoch nicht in der Verfügungsgewalt eines einzelnen Akteurs, sondern besteht in der Beziehung zwischen Akteuren und kann somit nur in Abhängigkeit von Partnern mobilisiert werden. Das soziale Kapital ergibt sich aus dem Bestreben jedes Einzelnen, den Erwartungen des Kollektivs zu entsprechen.

Als nicht monetäre Ressource verschafft es seinen Besitzern mehrere Vorteile. So werden Verpflichtungen und Erwartungen zwischen den Akteuren gebildet, die als Kredit aufgefasst werden können. Außerdem entstehen Vorteile durch den Erhalt zusätzlicher Informationen. Des Weiteren erfolgt bei gemeinsamer Identität und wiederholter Interaktion eine Bildung gemeinsamer Normen und Werte, was zu erhöhter Wettbewerbsfähigkeit des Netzwerks führen kann (vgl. Bathelt, H. u. Glückler, J. 2002: 169).

Der Sozialkapitalansatz sei hier kurz erwähnt um zu einer speziellen Form dieser Netze überzuleiten: den informellen sozialen Netzwerken.

2.3 Informelle Netzwerke

Informelle soziale Netzwerke haben, je nach dem Grad ihrer Ausprägung, einen direkten Einfluss auf das ökonomische Handeln von Individuen und Organisationen, wie Rehner (2004) am Beispiel Mexikos zeigt. Freundschafts- und Familiennetze, personenbezogene Verpflichtungsnetzwerke sowie der so genannte Klientelismus sind hier zu nennen; auch die Korruption ist in diesem Zusammenhang anzuführen.

Als eine Form des sozialen Kapitals erfüllen sie eine wichtige Funktion zur Absicherung gegen Risiken in sozio-ökonomischen Systemen mit wenig institutioneller Sicherung, andererseits kann ein hoher Anteil informeller Beziehungen auch als Reaktion auf Überregulierung und Bürokratismus gewertet werden. Neben diesen Ursachen ist bei der Betrachtung informeller Netze jedoch stets der jeweilige kulturelle Hintergrund zu berücksichtigen (vgl. Rudner 1996: 250).

Derartige Netzwerke gründen sich stets auf Reziprozitätsbeziehungen. Dabei werden kontinuierlich Gefälligkeiten wie z.B. die Vermittlung von Arbeitsstellen, Bevorzugung bei rechtlichen Angelegenheiten oder bürokratische Erleichterungen ausgetauscht. Sehr wichtig sind hierbei die soziale Nähe der Akteure sowie das Vertrauen. Bei entsprechend fehlender Vertrauensbasis können Dritte zur Vermittlung hinzugezogen werden. Dieser Knotenpunkt ist das entscheidende Element für den Übergang eines interpersonalen Gefälligkeitsaustausch zum gesamtgesellschaftlichen System, das verschiedene Beziehungsgefüge miteinander verbindet
(vgl. Rudner 1996: 247).

Im Gegensatz zur oben beschriebenem symmetrischen Austauschbeziehung besteht in dem nun ausführlich zu thematisierenden Klientelismus eine asymmetrische Variante informeller Netzwerke.

3 Klientelismus als Form informeller Netzwerke

Um die verschiedenen Ausprägungen des Klientelismus vor unterschiedlichen kulturellen Hintergründen darzustellen sowie seine Auswirkungen auf wirtschaftliches Handeln zu beschrieben, erfolgt zunächst eine ausführliche Begriffsbestimmung.

3.1 Klientelismus: eine Definition

Bereits die gewählte Überschrift „eine Definition" macht deutlich, dass es keineswegs eine allgemeingültige Begriffsdefinition gibt. Dies liegt vor allem darin begründet, dass sich verschiedenste Disziplinen – mit ihrer jeweils individuellen Sichtweise – dieser Thematik zuwenden.

3.1.1 Anfänge und Entwicklung der Klientelismusforschung

Die ersten Abhandlungen zu Klientelismus wurden Ende der 1950er Jahre ausschließlich von Ethnologen verfasst, worauf Anfang der 1970er Jahre auch politisch orientierte Soziologen und Politikwissenschaftler erste Forschungen auf diesem Gebiet leisteten (Weber Pazmiño 1991: 1). Dabei wurde der Begriff zunächst für die Charakterisierung bestimmter Beziehungen, wie etwa zwischen Landeigentümern und abhängigen Bauern in ruralen Siedlungen traditioneller Agrargesellschaften benutzt.

Mehr oder wenig zufällig stieß man bei der Erforschung anderer Phänomene wie bestimmter ritueller Verwandtschaftsverhältnisse auf Klienten und Patrone, wie sie in der Folge genannte wurden. Bald wurde deutlich, dass typische Patron-Klient-Beziehungen nicht nur auf dörflicher Ebene, sondern auch zwischen Dörfern sowie als komplexes Beziehungsgeflecht innerhalb ganzer Gesellschaften bestehen können. Somit wurde das Konzept innerhalb kurzer Zeit von der Untersuchung interpersonaler Beziehungen zum Untersuchungsgegenstand komplexer sozialer Gebilde und somit zu einem zentralen Thema in den Sozialwissenschaften (vgl. Bestler 1996: 59).

3.1.2 Die Patron-Klient-Dyade

Zentraler Gegenstand der Klientelismusforschung ist eine spezifische Form von sozialer Beziehung, die Patron-Klient-Dyade. Auf vielfach in der Literatur zu findende etymologische Bemerkungen zu den Begriffen wird in dieser Arbeit verzichtet.

Wie der Begriff „Dyade" bereits impliziert handelt es sich dabei um eine persönliche Beziehung zwischen zwei individuellen Akteuren die deshalb zustande kommt, weil beide Partner ein bestimmtes Interesse an ihr haben. Sie versprechen sich jeweils einen Vorteil dadurch, dass sie sich gegenseitig das Gewünschte geben und somit beide von der Beziehung profitieren (vgl. Bestler 1996: 65). Inhaltlich stellt die Patron-Klient-Beziehung also eine asymmetrische Tauschbeziehung dar, bei der der Untergeordnete Klient Loyalität, Macht, Information und Anhängerschaft gegen Begünstigung tauscht. Die Asymmetrie entsteht dadurch, dass der Patron über Ressourcen verfügt, die der Klient benötigt (vgl. Lomnitz 1992: 431).

Das besondere an dieser Beziehung ist allerdings nicht so sehr der Tausch an sich, sondern seine spezifische Form. Diese ist dadurch charakterisiert, dass die jeweils zu erbringenden Tauschleistungen nicht näher bestimmt sind. Vielmehr gilt für beide Partner, dass sie sich im Grunde immer an den anderen wenden können, wenn sie dessen Hilfe benötigen. Die Verbindung ist somit nicht auf spezifische Leistungen beschränkt, und unterscheidet sich insofern z.B. von Marktbeziehungen, Arbeitnehmer-Arbeitgeber-Relationen oder auch der weiter unten thematisierten Korruption (vgl. Bestler 1996: 67).

Die bereits erwähnte Asymmetrie der Beziehung besagt, dass der superiore Patron über Status, Macht, Einfluss und Autorität verfügt. Er kontrolliert Ressourcen die viele potentielle Klienten benötigen. Sie wiederum können nur weniger wertvolle Dienste anbieten, und befinden sich deshalb in einer schwächeren Position. Die soziale Asymmetrie der klientelistischen Beziehung bildet auch die Abgrenzung zur Freundschaft.

Ein weiteres Merkmal bildet die Freiwilligkeit, mit der beide Partner eine solche Verbindung eingehen. Zwar mag den Partnern die Beziehung subjektiv erzwungen erscheinen, im Gegensatz zur Sklaverei beispielsweise kann der Klient sich jederzeit aus der Verbindung lösen, wenn seine subjektive Tauschbalance nicht mehr besteht.

Auch die Diffusität der Beziehung ist nochmals kurz anzusprechen. Es bestehen weder feste Regeln noch eine bestimmte Systematik, wann die Rückzahlung für erhaltene Dienste stattzufinden hat. Patron-Klient-Verhältnisse stellen stets informelle Beziehungen dar, denen vertragliche Abmachungen mündlicher oder schriftlicher Art fremd sind (vgl. Weber Pazmiño 160).

Konstitutiv für den Klientelismus ist außerdem seine Reziprozität. Gouldner (1977) hat den Umstand, dass derartige diffuse Tauschbeziehungen überhaupt funktionieren können, mit einer universell gültigen Reziprozitätsnorm erklärt.

Neben der utilitaristischen Motivation der Partner, wie etwa dem Aufrechterhalten der Beziehung, besteht diese Norm für alle sozialisierten Mitglieder einer bestimmten Gesellschaft. Sie ist Teil der persönlichen Moral eines jeden Einzelnen und schadet bei eigenem Fehlverhalten der persönlichen Ehre. Moralische Motive spielen somit bei der Erfüllung der jeweiligen Pflichten eine große Rolle (vgl. Bestler 1996: 85).

Letzte zu erwähnende Elemente klientelistischer Verbindungen sind Loyalität und Dauerhaftigkeit. Neben nüchterner Kalkulation der Akteure besteht durchaus ein emotionales Band, was bei wiederholten Tauschhandlungen zu einem Andauern der Beziehungen führt.

Zusammenfassend kann die Patron-Klient-Beziehung somit beschrieben werden als:

Freiwillige, zwischen zwei Personen stattfindende und auf reziprokem Tausch basierende, diffuse Beziehung, die dauerhaft ausgelegt ist und Loyalitätsgefühle beinhaltet.

Zur Verdeutlichung bietet folgende Übersicht einige Beispiele für Bestandteile klientelistischer Beziehungen, wie sie von Mühlmann/Llaryora (1968) bei einer Studie in einem kleinen sizilianischen Dorf ermittelt wurden:

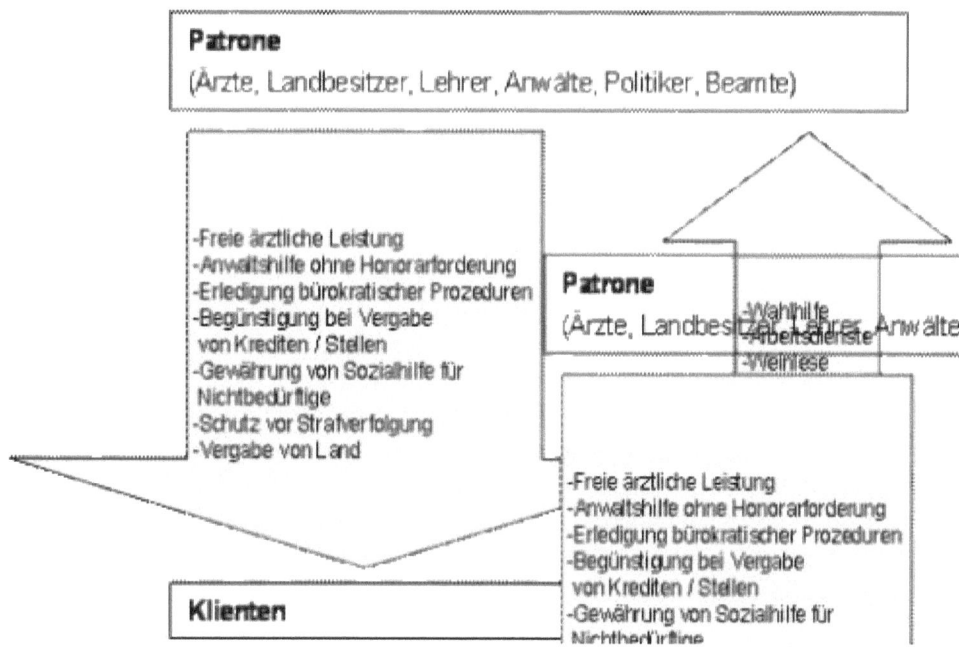

Abbildung 1: Mögliche Leistungen innerhalb von Patron-Klient-Beziehungen

Quelle: eigene Darstellung nach Mühlmann/Llayora 1968, S. 33

Wie einzelne Patron-Klient-Verhältnisse in einen gesamtgesellschaftlichen Kontext eingebunden sind und somit zum Phänomen des Klientelismus führen, wird im folgenden Abschnitt beschrieben.

3.1.3 Der Klientelismus als Organisationsprinzip

Im Gegensatz zur Patron-Klient-Beziehung als Einzelbeziehung beschreibt der Begriff „Klientelismus" die gesamte kulturell-ideologische Relevanz und die Interdependenz klientelistischer Beziehungen mit der Gesellschaft (vgl. Weber Pazmiño 1991: 2). Dabei bestehen mit der mikro- und der makrosoziologischen Sichtweise zwei Möglichkeiten, sich dem Konzept zu nähern

a) Mikrosoziologische Begriffsbestimmung

Diese Sichtweise geht von einer spezifischen Zweierbeziehung als kleinste strukturelle Einheit aus, was den Klientelismus zu einer Aggregation vieler einzelner Patron-Klient-Beziehungen werden lässt. Auf diese Weise entstehen Beziehungsketten oder Pyramiden, die einen oder mehrere Patrone an der Spitze, sowie eine Vielzahl von Klienten an der an der Basis aufweisen. Außerdem stehen Patron und Klient oftmals durch das Vorhandensein von Bindegliedern, so genannten brokern, lediglich in indirekter Verbindung. Des Weiteren können auch symmetrische Beziehungen, etwa unter Freunden oder Verwandten, in klientelistische Strukturen integriert sein. Aufgrund dieser horizontalen Querverbindungen wird in der Literatur oftmals nicht mehr von Pyramiden oder Ketten, sondern von klientelistischen Netzwerken gesprochen.

Insgesamt kommt die mikrosoziologische Sichtweise jedoch zu keinem abschließenden Ergebnis, worum es sich beim Klientelismus überhaupt handelt. Theoretisch gingen derartige Forschungen nie über eine Beschreibung klientelistischer Beziehungen und deren Aggregation hinaus (vgl. Bestler 1996: 91f).

b) makrosoziologische Sichtweise

Im Gegensatz dazu lenkt dieser Ansatz den Blick weg von den auf einzelnen Beziehungen beruhenden Strukturen. Vielmehr wird hinterfragt, in welcher Weise der Klientelismus größere soziale Einheiten organisieren kann und welche zusätzlichen Eigenschaften diese schließlich aufweisen. Eisenstadt u. Roniger (1980) fassen den Klientelismus als komplexes soziales Arrangement auf, dass sich neben der Struktur von Machtbeziehungen auch auf die Art und Weise des Ressourcenflusses auswirkt, und durch „die Regulierung entscheidender Aspekte der institutionellen Ordnung" auch das ökonomische Handeln der Akteure berührt. In dieser Sichtweise ist der Klientelismus als soziales Organisationsprinzip zu verstehen, dass vor allem zur Aufrechterhaltung einer bestimmten Art der Machtverteilung dient (vgl. Bestler 1996: 93).

Nach diesen theoretischen Erläuterungen werden nun Voraussetzungen und Ursachen für Klientelismus, verschiedene Ausprägungen, sowie dessen Auswirkungen auf das ökonomische Handeln der Akteure und der wirtschaftlichen Entwicklung bestimmter Räume beschrieben.

3.2 Voraussetzungen und Ursachen des Klientelismus

a) Voraussetzungen

Bei der Betrachtung klientelistischer Systeme fallen drei zentrale Gemeinsamkeiten bzw. Voraussetzungen auf:

- Ø Ressourcenmonopolisierung und –kontrolle

- Ø Bedarf nach persönlicher Gefolgschaft

- Ø Unfreier Ressourcenzugang

Sobald also in sozialen Systemen – egal ob dörfliche Gemeinde oder ganz Gesellschaft – die als wichtig erachteten Güter und Dienste von wenigen Personen kontrolliert werden, ist eine Voraussetzung für Klientelismus gegeben. Um ihre Macht zu erhalten und auszubauen neigen die Patrone dazu, ihre Ressourcen hauptsächlich an Klienten weiterzugeben.

Der Bedarf nach persönlicher Gefolgschaft als weitere Voraussetzung ergibt sich z.B. dadurch, dass die persönlichen Kapazitäten des Patrons für die Administration seiner Ressourcen nicht ausreichen, oder dass seine Fähigkeiten alleine nicht ausreichen, um die Bedrohung durch Rivalen abzuwehren. Verlässliche Gefolgsleute kann er also durch Marktbeziehung, Freundschaft oder aber durch patronale Leistung im Gegenzug für Gefolgschaft sichern (vgl. Bestler 1996: 104).

Der unfreie Zugang zu Ressourcen aufgrund einer Monopolisierung ist als dritte Voraussetzung zu nennen. Individuen werden sich dann um eine klientelistische Beziehung zu einem Patron bemühen, wenn ihnen die gewünschten Güter besonders wichtig erscheinen und auf andere Art und Weise entweder gar nicht oder nur zu ungünstigeren Konditionen zu bekommen wären.

b) Ursachen

Da die genannten Voraussetzungen nicht zwingend zu klientelistischen Strukturen führen, werden nun die Ursachen für deren Entstehung betrachtet.

Die ökonomische Erklärung, nämlich die Knappheit von Ressourcen, überschneidet sich mit der oben beschriebenen Voraussetzung und kann nicht als einzige Ursachen gelten. Oftmals werden fehlende soziale Sicherungssysteme und die Absicherung gegen Krisen als Ursachen klientelistischer Systeme genannt. Aber auch Bürokratismus und Überregulierung kann ein Grund für das Entstehen von Klientelismus als Antwort auf die Unfähigkeit starrer Reglementierungen zur Lösung gesellschaftlicher Probleme sein (vgl. Rudner 1996: 250).

Ebenso wichtig ist der jeweilige kulturelle Hintergrund. So kann z.B. das Fehlen einer am Gemeinwohl orientierten Ethik den Klientelismus fördern (vgl. Bestler 1996: 107). Rehner (2004) nennt in seiner Arbeit zu Mexiko ein insgesamt niedriges gesellschaftliches Vertrauensniveau und Auslegung sämtlicher Regeln zum eigenen Vorteil als Folge kultureller und historischer Gegebenheiten sowie ökonomischer Krisen als weitere Ursachen für den dort herrschenden Klientelismus.

Vor allem eine Begründung des Klientelismus mit kulturellen Besonderheiten lässt eine Beleuchtung des Phänomens in unterschiedlichen Kulturen sinnvoll erscheinen.

3.3 Klientelismus in Abhängigkeit unterschiedlicher gesellschaftlicher und kultureller Hintergründe

Die Darstellung verschiedener Ausprägungen des Klientelismus erfolgt anhand zweier Räume, nämlich den Mittel- und Osteuropäischen Transformationsländern und Lateinamerika. Der Umfang dieser Arbeit erlaubt allerdings nur einen ersten Überblick über die jeweiligen Gegebenheiten.

3.3.1 Klientelismus in Transformationsländern

Soziale Beziehungen und informelle Netzwerke wie der Klientelismus spielen in den Transformationsländern des ehemaligen Ostblocks nach wie vor eine große Rolle. Als Erbe des Sozialismus verlangsamen sie oftmals den Umwandlungsprozess. Das System gegenseitiger Hilfeleistungen und Austauschbeziehungen war vor dem politischen Umbruch eine Reaktion auf Mangelwirtschaft und Totalitarismus sowie Ausdruck mangelnden Vertrauens in staatliche Institutionen. Um den Alltag bewältigen zu können war die Verankerung in klientelistischen Netzen sehr wichtig. So stellte sich z.B. ein Parteifunktionär schützend vor einen Bekannten, der politisch verfolgt wurde. Im Gegenzug wurden nach der Wende die Rollen getauscht, was vielleicht die Beharrungskraft mancher sozialistischen Institutionen erklärt (vgl. Roth u. Spiritova 2004: 28).

Ein weiterer, beispielhafter Aspekt ist die Personalpolitik privater Unternehmen. Roth u. Spiritova (2004) zitieren einen russischen Spezialisten für Organisationsentwicklung, der die Beziehungen der Menschen in Russland als „das wichtigste im Leben" bezeichnet. Danach sind die Privatfirmen alle auf Vertrauen gebaut – „von der Straße" wird niemand eingestellt. Es zählt weniger die fachliche Qualifikation als vielmehr die Beziehung. Entlassungen sind teilweise kaum vorstellbar. „Wie kann das gehen – jemanden nehmen und dann entlassen?" Oder: „Er ist zwar ein schlechter Mitarbeiter, aber unsere Familien sind doch befreundet."

Trotz der fortschreitenden Individualisierung bleibt in den MOE-Staaten die Rolle der informellen Netzwerke erhalten. Ein wichtiger Punkt ist jedoch, dass bei den Tauschbeziehungen vielfach Geld eine Rolle spielt, was letztlich zu Korruption, also einem anderen Tatbestand, führt.

3.3.2 Klientelismus in Lateinamerika

Ämterpatronage, Korruption und Klientelismus in vielen Ländern Lateinamerikas haben ihre Wurzeln im feudalen Großgrundbesitztum der Kolonialzeit und wurden bis heute an die zunehmend differenzierten und urbanen Lebensbedingungen angepasst (vgl. Altenburg u. Haldenwang 2002). Der Klientelismus äußert sich auf verschieden Ebenen der sogenannten „low-trust-societies", also Gesellschaften mit niedrigem Vertrauensniveau.

Auf der ökonomischen Mikroebene sind ähnliche Strukturen wie in den oben beschriebenen Transformationsländern zu erkennen: In mexikanischen Unternehmen beispielsweise werden Führungspositionen häufig mit Verwandten besetzt oder langfristige Karrieren mit Hilfe von Kontakten zu ehemaligen Studienkollegen geplant (vgl. Rehner 2004: 40).

Die Auswirkungen von Klientelismus auf volkswirtschaftlicher Ebene können mitunter weitreichende Folgen haben. Formelle Institutionen der Rechtssprechung und politischen Partizipation sind oftmals von informellen Netzen klientelistischer Struktur durchzogen, die Ausdruck des Phänomens des rent-seeking, also des Realisierens von Renten durch Kontrolle öffentlicher Institutionen sind.

Das jahrelange Erhalten solcher Klientelnetze zur Anhäufung von Wohlstandsgewinnen seitens kleiner, elitären Gruppen schwächte viele Staaten Lateinamerikas enorm. Auch auf politischer Ebene wirkt sich der Klientelismus aus: So zeigt das Beispiel Kolumbien wie der Klientelismus die politische Willensbildung bestimmt und die Parteien keinem Wettbewerb der verschiedenen Problemlösungen mehr ausgesetzt sind.

Klientelistische Strukturen hemmen oftmals auch den Versuch, Kommunen und Regionen in ihrem Entwicklungsprozess zu stärken. Sie setzen zwar auf lokaler Ebene an, sind jedoch zentralistisch ausgerichtet, da die wichtigsten Ressourcen auf zentralstaatlicher Ebene verteilt werden (vgl. Altenburg u. Haldenwang 2002). Letztlich bleiben Reformvorhaben oftmals hinter ihren Erwartungen zurück, da Erfolge an einer Stelle mit Zugeständnissen an anderer Stelle erkauft werden müssen.

Dies hemmt die Entwicklungschancen der Länder insgesamt, wie im nächsten Kapitel nochmals dargestellt wird. Außerdem ist auf die Auswirkungen des Klientelismus auf das Handeln der Akteure einzugehen.

3.4 Auswirkungen des Klientelismus auf ökonomisches Handeln und die volkswirtschaftliche Entwicklung

Die Analyse der Auswirkungen des Klientelismus auf das Handeln von Unternehmen und Individuen als wirtschaftliche Akteure gestaltet sich außerordentlich schwierig. In der Literatur bestehen zwar viele Hinweise auf die Anforderungen, die aufgrund informeller Beziehungsnetze existieren. Hieraus den klientelismusbedingten Teil herauszuarbeiten ist jedoch nur sehr schwer möglich. Persönliche Verhältnisse haben in kollektivistischen Gesellschaften stets Vorrang vor Aufgaben (vgl. Hofstede 1997: 90). Der Aufbau solcher informeller Beziehungen ist also eine wichtige Voraussetzung für das ökonomische Bestehen in solchen Gesellschaftssystemen. Wann aus solchen Beziehungen allerdings klientelistische Beziehungen werden, ist nur schwer abschätzbar. Auch die Bedeutung von Verwandtschafts- und Familiennetzwerken wird immer wieder betont (vgl. Rudner 1996: 258 ff). Allerdings stellen diese nur bedingt klientelistische Netzwerke dar, wie aus der Abgrenzung in Kap. 3.1 hervorgeht.

Eine konkrete Anforderung an Unternehmen stellt z.B. die Personalführung dar. Vorherrschende klientelistische und personalisierte Strukturen können zu echten Produktivitätshindernissen werden, da z.B. unqualifizierte oder unmotivierte Mitarbeiter durch ihre Vorgesetzten in Schutz genommen werden. Außerdem wirkt die Gewissheit des absolut sicheren Arbeitsplatzes einer höheren Arbeitsleistung entgegen (vgl. Roth u. Spiritova 2004: 32).

Vor allem in der Politik vorherrschende klientelistische Strukturen haben jedoch auch viel umfassendere, wenn auch abstraktere Folgen, insbesondere für größere einheimische Unternehmensgruppen und transnationale Konzerne: durch die finanzielle Schwäche vom Klientelismus betroffener Länder aufgrund eigennützigen Handelns kleiner, elitärer Gruppen (vgl. Kap. 3.3.2) können diese Unternehmen bei Privatisierungen oder größeren Investitionen oftmals erstaunliche Konditionen aushandeln und somit ihr Risiko erheblich reduzieren (vgl. Altenburg u.. Haldenwang 2002).

Hieraus wird deutlich dass der politische Klientelismus sehr weitreichende Folgen haben kann, welche die Entwicklung ganzer Volkswirtschaften hemmen. Wie bereits zur Sprache kam verhindert eine Dominanz informeller Institutionen das Vertrauen der Bevölkerung in die Verlässlichkeit staatlicher Institutionen. Durch die fehlende Legitimität des politischen Systems wird der Entwicklungsprozess jedoch nicht in der nötigen Breite mitgetragen. Im schlimmsten Fall führen Legitimitätsdefizite zu geringer Krisenresistenz und die Anfälligkeit gegenüber der „autoritären Versuchung" und damit dem Rückfall in die Diktatur.

Ein weiterer und an dieser Stelle letzter Aspekt ist die Auswirkung auf die Entwicklungszusammenarbeit. Bestehende informelle Institutionen erschweren die Auswahl der richtigen Ansprechpartner vor Ort und erhöhen die Gefahr dass die Empfänger finanzieller Mittel nicht an einer breitenwirksamen Verteilung derselben interessiert sind (vgl.Schmidt 2001); dieser Gedanke wird bei der Erläuterung der Korruption später nochmals aufgegriffen

Nicht alle Autoren beurteilen informelle Netzwerke wie den Klientelismus derart negativ. Ihm wird – gerade in schwachen Staaten – eine gewisse Steuerungswirkung unterstellt. Außerdem wird darauf hingewiesen, dass Klientelismus weder per se mit illegalen Handlungen verbunden sein muss, noch dass er nur in Entwicklungs- und Schwellenländern zu finden ist (vgl. Betz u. Köllner 2000).

Abschließend lässt sich festhalten, dass das Konzept des Klientelismus und sein Erklärungsgehalt für eine Vielzahl sozialer und ökonomischer Sachverhalte nicht unkritisch zu betrachten ist. Weber Pazmiño (1991: 5) weit darauf hin, dass „nach Aufsetzen einer klientelistischen Brille tendenziell in jeder menschlichen Handlung und überall auf der Welt" Klientelismus gesehen werden kann. Wie oben bereits angesprochen ist er nur schwer von anderen informellen Netzwerken zu trennen.

Ein eindeutig abgrenzbares Phänomen stellt hingegen der andere Themenbereich dieser Arbeit dar: die Korruption. Sie weist grundsätzlich andere Merkmale als der Klientelismus auf, wird in einer Vielzahl von Studien behandelt und kann vor allem hinsichtlich ihrer schädlichen volkswirtschaftlichen Auswirkungen klar dargestellt werden (vgl. Frisch 1999: 90).

4 Korruption als Form informeller Netzwerke

Wie im vorangegangen Kapitel erfolgt auch hier zunächst eine ausführliche Begriffsbestimmung, bevor die Korruption aus verschiedenen Blickwinkeln hinsichtlich ihrer Ursachen und Auswirkungen untersucht wird.

4.1 Korruption: Definition und Ausprägungen

Auch für das Phänomen der Korruption existiert keine allgemeingültige Definition. Da in den folgenden Darstellungen – insbesondere in Kap. 4.5 – mehrfach auf die NGO *Transparency International* Bezug genommen wird, soll in dieser Arbeit auch deren allgemeine Definition gelten, wonach Korruption „der heimliche Missbrauch von öffentlicher oder privatwirtschaftlich eingeräumter Stellung oder Macht zum privaten Nutzen oder Vorteil" ist (Transparency International 2004a). Im Hinblick auf den Netzwerkgedanken als Thema dieser Arbeit muss diese Begriffsbestimmung jedoch konkretisiert werden. Danach zeichnet sich Korruption außer dem genannten Machtmissbrauch durch folgende Merkmale aus (vgl. Ricks 1995: 194):

> Ø Ein Tausch von als wertvoll geschätzten Gütern zwischen mindestens zwei Akteuren aufgrund von Kosten-Nutzen-Überlegungen

> Ø Mindestens eine Partei gerät dabei in ein Dilemma zwischen Befolgung allgemeiner Standards und Vorschriften einerseits sowie Verfolgung privater Interessen andererseits

> Ø Bei Aufdeckung dieser Handlungen sind Sanktionen aus der Umwelt zu erwarten

Bei diesem quasi-marktlichen Austausch wird z.B. für eine behördliche Genehmigung, die Vergabe eines Auftrages oder das Erlassen einer Strafe eine unmittelbare Gegenleistung, meist in Form einer finanziellen Transaktion erbracht (vgl. Rehner 2004: 42). Somit stellt die Korruption auch keinen reziproken Austausch dar, bei dem in Form einer kooperativen Wechselwirkung zwischen zwei oder mehreren Partnern die Individuen mit zeitlicher Verzögerung die Vorteile der Kooperation genießen können. Dies ist auch das zentrale Abgrenzungsmerkmal zum Klientelismus, bei dem, wie in Kap. 3 beschrieben, nicht eine Leistung gegen eine andere getauscht wird.

Längerfristige Korruptionsbeziehungen mit Netzwerkcharakter entstehen jedoch nicht durch einzelne Bestechungszahlungen, sondern werden schrittweise aufgebaut. So bilden oftmals Geschenke in Form von Reisen oder aufwendigen Bewirtungen den Ausgangspunkt für derartige Beziehungen. Als zweiter Schritt können Bargeldzahlungen erfolgen, wobei diese mit steigenden Summen zunehmend schwierig zu handhaben und damit unpraktisch werden, und somit durch Schecks oder Überweisungen ersetzt werden. Buchhalterisch treten derartige Transaktionen meist als Beraterhonorare oder Zahlungen für nicht existente Mitarbeiter in Erscheinung. In der weiteren Entwicklung solcher Netzwerkbeziehungen werden oftmals Transaktionen zu Preisen durchgeführt, die vom Marktwert abweichen, wie z.B. verbilligte Mieten oder zu hoch angesetzte Preise. Als letzter Schritt erfolgt eine bevorzugte Behandlung wie z.B. Versprechen lukrativer Beschäftigung nach Abschluss der Tätigkeit für den bisherigen Arbeitgeber, Pensionszusagen oder der Beschäftigung des Lebensgefährten ohne oder mit nur geringer tatsächlicher Tätigkeit (vgl. Marschdorf 1999: 424).

Transparency International (2004a) unterscheidet folgende Formen der Korruption:

Ø Schmiergeld (grease money, facilitation payment): Kleinere Beträge z.B. an untergeordnete Behördenmitarbeiter, um eine Leistung zu erhalten bzw. zu beschleunigen.

Ø Gelegenheitskorruption: spontane Handlung, z.B. das Anbieten von Geld gegen Nichtaussprechen einer Strafe im Straßenverkehr

Ø Bestechung und Bestechlichkeit in der öffentlichen Verwaltung: Die intransparenten Entscheidungsabläufe im Rahmen von Vergabeverfahren öffentlicher Aufträge sind besonders anfällig für Korruption. Durch Zahlungen vor und nach der Auftragsvergabe wird der faire Wettbewerb durch manipulierte Vergabebedingungen oder Weitergabe von Insiderinformationen zu Lasten von Bietern und letztlich des Steuerzahlers untergraben.

Ø Genehmigungskorruption: Erlangung von gesetzlich nicht gerechtfertigten Behördlichen Genehmigungen, z.B. Nachtlokallizenzen oder Abholzgenehmigungen

Ø Kriminelle Netzwerke: Korruptionshandlungen auf Grundlage längerfristig angelegter Kartelle und gewachsener Beziehungen, z.B. für den Bau von Müllverbrennungsanlagen.

Ø Korruption im Journalismus: Die Annahme von Werbegeschenken oder Abhängigkeit von Werbekunden untergräbt oftmals die Funktion der Journalisten als unabhängige Ermittler, wodurch Korruptionsfälle nicht aufgedeckt werden.

Ø Korruption in der Politik: Die Käuflichkeit politischer Entscheidungen, die intransparenten Praktiken der Lobbyisten sowie Gesetzgebung um persönliche Vorteile zu erwirken sind weitere Erscheinungsformen der Korruption.

Diese Aufzählung lässt erahnen, welch großer Teil ökonomischer Vorgänge nicht nur durch den Markt, sondern durch korrupte Entscheidungsträger gesteuert wird, und zu welchen Fehlallokationen und volkswirtschaftlichen Schäden dieser Sachverhalt führt.

Diese werden in Kapitel 4.4 näher dargestellt; zunächst erfolgt eine Beleuchtung der Korruption vor dem Hintergrund unterschiedlicher kultureller Einflüsse.

4.2 Korruption vor verschiedenen kulturellen und gesellschaftlichen Hintergründen

In diesem Kapitel soll der Frage nachgegangen werden, ob der Tatbestand der Korruption in unterschiedlichen Kulturräumen und vor dem Hintergrund bestimmter politischer und gesellschaftlicher Entwicklungen verschieden stark ausgeprägt ist. Wie oben dargestellt äußert sich Korruption jedoch in vielfältiger Art und Weise, so dass hier – wie in Kap. 3 – mit dem Raum Russland und Lateinamerika lediglich zwei Räume beispielhaft herausgegriffen werden. Für genauere Betrachtungen einzelner Länder sei auf die Arbeit von Transparency International verweisen.

4.2.1 Korruption in Russland

Russland steht bei dem Phänomen der ansteigenden Korruption stellvertretend für alle Transformationsländer auf ihrem Weg von einem autoritären Regime zur Marktwirtschaft. Nachfolgend werden einige Besonderheiten der russischen Korruption aufgezeigt, wie sie von der russischen Organisation INDEM (www.indem.ru) ermittelt wurden. So geben die Bürger Russlands jährlich mindestens 2,8 Mrd. US-$ für Bestechung im Alltag aus, was fast der Hälfte der Einkommensteuer Russlands entspricht (vgl. Satarow 2004: 3). Neben Zahlungen im Gesundheitswesen und bei der Verkehrspolizei bildet das Hochschulwesen einen Schwerpunkt bei Bestechungsdelikten. Diese Form der Korruption führt dazu, dass oftmals nicht die fähigsten, sondern die zahlungsfähigsten Studenten ihre Examen bestehen. So erhalten diejenigen einen Hochschulabschluss, die am meisten Bestechungsgelder bezahlt haben.

Signifikant für den Transformationsprozess ist die Auflösung alter sowjetischer Strukturen und damit ein Rückgang sozialer Korruption, also einer Form der Korruption die eng mit sozialen Beziehungen verbunden ist (vgl. Kap. 3.3.1). Diese Ausprägung weicht mehr und mehr der wirtschaftlichen Korruption, also einem Marktes der Schattendienstleistungen, bei denen z.B. öffentliche Entscheidungsträger bestochen werden. Diese kann wiederum soweit gehen, dass erneut soziale Korruption entsteht, die sich in ihrer neuen Form jedoch weitreichender auswirken kann.

So fällt es z.B. einheimischen Firmen bzw. deren Geschäftsführern aufgrund der kulturellen Nähe mitunter leichter politische Entscheidungsträger zu bestechen als deren ausländischen Konkurrenten. Dies kann somit den Markteintritt für ein ausländisches Unternehmen sehr erschweren oder gar verhindern.

Eine weitere besorgniserregende Entwicklung wird unter dem Begriff „business capture" zusammengefasst. Er bezeichnet die steigende Tendenz der Aneignung privater Unternehmen entweder durch andere Unternehmen mit Hilfe gekaufter Beamter oder durch Staatsbedienstete selbst. Derartige netzwerkartige Verbindungen von Staatsdienst und unternehmerischer Tätigkeit ist in Russland zu einem völlig normalen Phänomen geworden.

Diese Tatsache führt, neben dem allgemeinen Anstieg der Bestechungszahlungen, zu einem sich ständig verschlechternden Geschäftsklima (vgl. Satarow 2004: 4). Auch der – später noch genauer erläuterte – Corruption Perception Index (CPI) kommt zu einem ähnlichen Ergebnis.

Mit einem Wert von 2,7 auf der Skala von 0 (korrupt) bis 10 (frei von Korruption) nimmt Russland Rang 86 von 133 Ländern ein (vgl. Transparency International 2004b: 246). Für eine positive wirtschaftliche Entwicklung Russlands ist dies ein großes Hemmnis, wie aus den späteren Ausführungen noch deutlich wird.

4.2.2 Korruption in Lateinamerika

Der lateinamerikanische Raum bildet mit seinen 33 Staaten natürlich keinen einheitlichen Kulturraum, er ist jedoch von gemeinsamen historischen Erfahrungen geprägt. (vgl. Grabendorff 2003). Die Auswahl der folgenden Beispiele Mexiko und Chile erfolgte nicht aus Gründen der Repräsentativität für den iberoamerikanischen Raum, sondern um unterschiedliche Ursachen und Auswirkungen der Korruption im vermeintlich homogenen kollektivistischen Kulturraum Lateinamerika aufzuzeigen

Für Mexiko lässt sich feststellen, dass die Korruption nahezu alle Teile des politischen und ökonomischen Lebens beeinflusst. Als eine Art Tradition reicht sie bis ins Kolonialzeitalter zurück. Rudner (1996: 279) sieht vor allem im Sechs-Jahres-Wechsel des Präsidenten einen Auslöser der Korruption im Verwaltungsbereich. Die Mehrzahl der mexikanischen Beamten, egal ob Bundes- oder Landesangestellte, Gouverneure oder lokale Behörden behalten ihre Posten lediglich für diese Zeitspanne. Somit herrscht eine hohe Arbeitsunsicherheit unter den Beamten, was einerseits zu starken persönlichen Bindungen und klientelistischen Strukturen führt, andererseits zu starken persönlichen Bereicherungen in den letzten Monaten vor Amtsablauf einlädt.

Auch in der Privatwirtschaft herrscht hohe Korruptionsbereitschaft. Die Übermacht des Staates zwingt die Unternehmen zu einem engen Kontakt mit den Behörden und zur Zahlung von Bestechungsgeldern für Konzessionen und den Erhalt von Aufträgen. Auf diese Weise entstehen korrupte Netzwerke, die den Wettbewerb völlig außer Kraft setzen. Trotz erkennbarer Verbesserungen und Maßnahmen zur Korruptionsbekämpfung muss festgehalten werden, dass persönliche Beziehungen, sowohl klientelistischer als auch korrupter Art, ein wichtiger Bestandteil des mexikanischen Gesellschaftssystems sind und somit wohl noch eine lange Zeit bestand haben werden (vgl. Rehner 2004: 44)

Etwas anders stellt sich die Situation in Chile dar, dem zweiten an dieser Stelle ausgewählten Beispiel. Mit einem CPI-Wert von 7,4 gilt es als vergleichsweise korruptionsfrei. Als eines der wachstumsstärksten und am weitesten in den internationalen Handel integrierten Länder Lateinamerikas hat Chile sowohl das in Kap. 4.5 näher beschriebene OECD-Abkommen zu Korruptionsbekämpfung unterzeichnet als auch ein Reihe nationaler Gesetze mit diesem Ziel verabschiedet. So wurden in jüngster Zeit Maßnahmen gegen Lobbyismus und intransparente stattliche Auftragsvergaben sowie Gesetze zur staatlichen Parteienfinanzierung und Veröffentlichung staatlicher Transfers an Privatpersonen und Firmen umgesetzt. Dennoch wurde die Volkswirtschaft Chiles immer wieder von Korruptionsskandalen erschüttert, was teilweise zu enormen Abflüssen an internationalem Kapital führte (vgl. Transparency International 2004b: 175).

Ähnlich wie in Mexiko ist auch in der chilenischen Gesellschaft der Nepotismus und die Vetternwirtschaft, auch als „amigos de los amigos en el camino" bezeichnet, stark verwurzelt. Gerade größere Korruptionsfälle sorgen neben dem volkswirtschaftlichen Schaden für ein schwindendes Vertrauen in Demokratie und Regierung und wirken sich negativ auf Direktinvestitionen aus (vgl. Gray u. Kaufmann 1998: 2).

Um das nach wie vor positive Image Chiles hinsichtlich der niedrigen Korruption zu erhalten und auszubauen, hat die Regierung eine „long reform agenda" auf den Weg gebracht, die allerdings am Widerstand der Opposition im Hinblick auf die Wahlen 2005 zu scheitern droht (vgl. Transparency International 2004b: 175. Aus wahltaktischen Gründen die positive Entwicklung der Republik Chile zu gefährden scheint nicht nur verantwortungslos und kurzsichtig, es ist auch symptomatisch für das Problem lateinamerikanischer Staaten eine langfristige „good governance" zu etablieren (vgl. Altenburg u. Haldenwang 2002: 17).

Diese Beispiele für unterschiedliche Ausprägungen von Korruption vor verschiedenen kulturellen und gesellschaftlichen Hintergründen machen deutlich, dass sowohl verschiedene Ursachen und Folgen der Korruption, als auch differierende Maßnahmen mit unterschiedlichem Erfolg hinsichtlich ihrer Bekämpfung existieren. Im Folgenden werden zunächst die Auswirkungen der Korruption auf die Akteure geschildert um später auf die volkswirtschaftlichen Folgen einzugehen sowie Lösungsvorschläge herauszuarbeiten.

4.3 Auswirkungen der Korruption auf unternehmerisches Handeln

In dieser kurzen Analyse wird der Frage nachgegangen, inwieweit Korruption bzw. der Aufbau eines korruptiven Netzwerkes für die Akteure zu einem Nutzen führt. Dabei wird, ausgehend von der Transaktionskostentheorie, zunächst der Aufwand, im Folgenden der mikroökonomische Nutzen ermittelt. Moralische Gesichtspunkte werden hier bewusst ausgeblendet.

4.3.1 Transaktionskosten korruptiver Geschäfte

Die Transaktionskostentheorie wurde bereits in Kap. 2.1 vorgestellt. Hier wird nun hinterfragt, wie sich korruptive Verträge auf die Kosten für Anbahnung und Durchsetzung auswirken. Wie aus folgender Abbildung zu entnehmen ist, wird hier in drei zeitliche Bereiche unterteilt, nämlich in Information, contract enforcement und post-enforcement lock in.

Abbildung 2: Zeitliche Einteilung der Transaktionskosten

Quelle: eigene Darstellung nach Lambsdorff 1999: 61

Im Vorfeld des Vertragsabschlusses müssen wichtige Informationen gesammelt werden. Das besondere bei korruptiven Vereinbarungen ist nun, dass der Markt der Nachfrager und Anbieter für derartige Vereinbarungen nicht trans parent ist. Eine Auswahl nach dem try and error-Verfahren kann dabei sehr riskant sein, da man auf ehrliche Verhandlungspartner und damit auf vermeintliche Denunzianten treffen kann (vgl. Voigt 1997: 96).

Auch bei einer zu geringen Bestechungssumme besteht diese Gefahr, da der Ertrag aus der Imagepflege für einen Politiker oder Beamten höher sein kann als der Ertrag aus der korrupten Übereinkunft. Somit übersteigen die bezahlten Summen im Allgemeinen erheblich die tatsächlich erforderlichen Beträge (vgl. Lambsdorff 1999: 63).

Neben den hohen Kosten für die vorsichtige und intensive Suche nach geeigneten Geschäftspartnern entstehen Aufwendungen für die Organisationskosten abgestimmten Verhaltens, insbesondere wenn mehrere Personen an der Entscheidung beteiligt sind. Dies wirkt außerdem als Risikomultiplikator. Gerade die Etablierung eines korruptiven Netzwerks kann im Anfangsstadium folglich durchaus kostenintensiv sein.

Auch das contract enforcement, also die Durchsetzung von Bestechungsverträgen, ist nur selten kostenlos und risikofrei. Leistungen sind oftmals im Vorfeld zu erbringen, was zu opportunistischem Verhalten führen kann: Nach Erhalt der Leistung wird unter Umständen die Gegenleistung verweigert oder eine weitere Zahlung verlangt. Es stellt sich also die Frage der Vertragsdurchsetzung. Die gerichtliche Form ist natürlich nur dann möglich, wenn aufgrund der Vereinbarung nicht mit strafrechtlicher Verfolgung gerechnet werden muss.

Weiterhin besteht das Problem die nötigen Beweise zu erbringen, da diese in der Regel nicht in schriftlicher Form vorliegen. Vorzugsweise wird demnach die private Form der Vertragsdurchsetzung gewählt. Verträge werden üblicherweise so ausgestaltet, dass kooperatives gegenüber opportunistischem Verhalten präferiert wird. Auch das Hinterlegen eines Pfandes, auch als Geisel oder hostage bezeichnet, kann als Sicherheit zur Vertragserfüllung dienen. Vorauszahlungen sind zwar ein weiteres Mittel um einen opportunistischen Rückzug aus dem Vertrag zu verhindern, stellen jedoch aufgrund der nicht vorhandenen gerichtlichen Durchsetzbarkeit keine Garantie dar.

Im Gegensatz zu herkömmlichen Geschäften besteht bei korruptiven Verträgen auch nach Leistungserfüllung noch ein Risiko. Die Vertragspartner begeben sich in gegenseitige Abhängigkeit, auch als lock-in bezeichnet, und können sich im Nachhinein erheblichen Schaden zufügen, indem sie mit der Veröffentlichung des Vorgangs drohen oder erpressen. Eine weitere Gefahr besteht darin, dass konkurrierende Unternehmen oder Politiker sehr an derartigen denunziatorischen Informationen interessiert sind und monetäre Entlohnungen dafür zu zahlen bereit sind.

Die Darstellung der Kosten und Risiken während der drei Phasen zeigt, dass korruptive Geschäfte einen nicht zu unterschätzenden Aufwand bedingen. Ebenso ergibt sich aus den Erläuterungen, dass aus Gründen der Kostenreduzierung und Vermeidung opportunistischen Verhaltens korrupte Netzwerke für die Beteiligten vorteilhafter sind als der Abschluss vereinzelter, quasi-marktlicher Transaktionen (vgl. Lambsdorff 1999: 84).

4.3.2 Nutzen aus korruptiven Geschäften

Den beschriebenen Kosten steht natürlich der mikroökonomische Nutzen gegenüber. Während dem Bestochenen allerdings ein wirklicher Nutzen entsteht, kann der Korrumpeur zunächst nur einen Scheinnutzen erzielen. Dies gilt für alle Korruptionssituationen und wird hier exemplarisch für die Bestechung eines Beamten zur Erlangung eines staatlichen Auftrags dargestellt.

Besticht ein Unternehmer einen Amtsträger mit der Intention einen Auftrag zu erhalten, entsteht ein Nutzen in Höhe des Auftragswertes abzüglich des Aufwands für Bestechungssumme und Anbahnung bzw. Verschleierung des Geschäfts (vgl. Kap. 4.3.1). Dieser Nutzen wird nun als Scheinnutzen bezeichnet, da er nicht den wirklichen Nutzen widerspiegelt. Die Tatsache, dass der Korrumpeur nicht feststellen kann, ob er den Auftrag auch ohne bzw. mit geringeren Bestechungsgeldern erhalten hätte, lässt den Nutzen zum Scheinnutzen werden, was allerdings für den Korrumpeur nicht so empfunden wird.

Die Intransparenz des Geschäfts und der - gegebenenfalls nur fiktiven - Konkurrenzsituation, macht es ihm unmöglich, den entstandenen Nutzen genau zu bestimmen. Trotzdem dient der Scheinnutzen als Anhaltspunkt zur Bewertung des Korruptionsgeschäfts. In Fällen der existenziellen Bedrohung des Unternehmens bei Nichterhalt des Auftrages spielen diese Überlegungen natürlich eine untergeordnete Rolle (vgl. Voigt 1997: 61).

Letztendlich kann davon ausgegangen werden, dass korrupte Verträge beiden Seiten einen (Schein-)Nutzen bringen, da sie sonst schlichtweg nicht existieren würden. Oftmals hat ein Unternehmen auch keine andere Wahl als sich an korruptiven Praktiken zu beteiligen. So zeigt Rudner (1996: 280) am Beispiel Mexikos, dass es quasi unmöglich sein kann, auf dem Weg des fairen Wettbewerbs bei staatlichen Vergabeverfahren Berücksichtigung zu finden. Auch bei der Betrachtung verschiedener Brachen wird deutlich, dass ein Verzicht auf Korruption nur schwer umsetzbar ist. Für Deutschland seien hier beispielhaft die Baubranche, die Rüstungsindustrie oder das Speditionsgewerbe genannt.

Nach dieser kurzen Beleuchtung der mikroökonomischen Seite wird nun auf die Auswirkungen korrupter Strukturen und Geschäfte auf die gesamtwirtschaftliche Entwicklung eingegangen.

4.4 Auswirkungen der Korruption auf die volkswirtschaftliche Entwicklung

Während es relativ wenig Literatur zu den schädlichen Auswirkungen der Korruption auf die Akteure gibt, sind die volkswirtschaftlichen Folgen in einer Vielzahl von Studien untersucht worden. Zunächst werden Argumente aufgeführt, die Korruption zu rechtfertigen versuchen. Danach wirke Korruption als Motor für Effizienz und fördere gerade in Entwicklungsländern die Kapitalakkumulation. Dem ist entgegenzuhalten, dass der der Wettbewerb nicht angekurbelt wird, sondern lediglich auf einer anderen Ebene stattfindet; nämlich nicht über Preis oder Qualität, sondern über die Höhe der Bestechungsgelder. Auch das Argument der Kapitalakkumulation ist zweifelhaft, da der unrechtmäßig erworbene Reichtum eher selten zu entwicklungspolitisch nützlichen Investitionen führt, sondern vielmehr für privaten Konsum, Klientelbildung oder Anlage in ausländischen Bankkonten verwendet wird (vgl. Frisch 1999: 90).

Als weiteres Argument wird oftmals angeführt, dass ein Bakschisch, also ein kleiner Bestechungsbetrag, unnötig langwierige Verwaltungsdienstleistungen beschleunigen kann. Hier besteht jedoch die Gefahr, dass beispielsweise bei der Zollabfertigung nicht nur eine Beschleunigungszahlung geleistet wird, sondern gleich ein höheres Bestechungsgeld gegen unverzolltes Abfertigen fließt. Der kulturelle Aspekt ist ebenfalls ein vielfach angeführtes Argument zur Rechtfertigung von Korruption. Der Gedanke, dass in gewissen fernen Kulturen – meist sind damit die Entwicklungsländer gemeint – Korruption üblich und moralisch akzeptiert sei, dient jedoch oft nur der Gewissensberuhigung bei zweifelhaften Exportförderungsmethoden.

Aus den Erläuterungen in Kap. 4.2 wird zwar deutlich, dass die Korruption in einigen Kulturen eine gewisse Tradition hat. Dies darf jedoch kein Argument für systematische Bestechungspraktiken sein. So unterstützt beispielsweise die thailändische Kultur des Schenkens sicherlich keine massiven Schmiergeldzahlungen an politische Führer (vgl. Ackermann 1999: 41). Außerdem zeigen die regelmäßigen Bestechungsskandale in Deutschland sehr deutlich, dass Korruption nicht auf Entwicklungsländer beschränkt ist.

Als negative Auswirkungen der Korruption auf den Entwicklungsprozess eines Landes lassen sich folgende Aspekte herausstellen:

Ø Korruption verteuert Lieferungen und Leistungen. Die Aufwendungen bzw. Gewinne werden letztendlich vom Konsumenten getragen, da die Bestechungssätze auf den Kaufpreis aufgeschlagen werden. Insbesondere für Entwicklungsländer wirkt sich zusätzlich sehr negativ aus, dass die Preiserhöhungen teilweise aus externen Mitteln finanziert werden müssen, und die Verschuldung erhöhen (vgl. Frisch 1999: 92).

Ø Damit stehen dem Staat auch weniger Mittel für Bildung, Gesundheit etc. zur Verfügung. Das gesamt Entwicklungsniveau wird also von der Korruption beeinflusst (vgl. Lambsdorff 1999: 170).

Ø Korruption führt tendenziell zu Qualitätsminderungen und Folgekosten. Werden beispielsweise im Straßenbau mit Hilfe von Bestechungszahlungen Qualitätskontrollen vermieden, so fließen die Einsparungen für dem geringeren Material- oder Arbeitsaufwand in private Kanäle, während die Infrastruktureinrichtungen aufgrund der geringeren Qualität bald wieder neue Ressourcen beanspruchen. Erlaubt in diesem Beispiel zusätzlich eine korrupte Polizei höhere Achslasten für LKW, müssen die Strassen sehr bald erneuert werden.

Ø Gerade in Entwicklungsländern lässt sich beobachten, dass korrupte Entscheidungsträger bzw. Netzwerke die Prioritätensetzung bei Entwicklungsprojekten bestimmen. Somit werden nicht die Projekte mit dem größten entwicklungspolitischen Nutzen in Angriff genommen, sondern diejenigen mit dem größten privaten Gewinn für die Entscheider. In der Debatte über die Ursachen der Überschuldung bzw. den unwirtschaftlichen Einsatz der Außenfinanzierung sollte diese Tatsache verstärkt Beachtung finden (vgl. Frisch 1999: 93).

Ø Ein hohes Maß an Korruption wirkt abstoßend auf internationale Investoren. Während inländische Investoren leichter die Probleme derartiger Strukturen lösen können, sind ausländische Kapitalgeber oftmals auf die Kooperation mit lokalen Unternehmen angewiesen, um überhaupt einen Zugang zu korrupten Entscheidungsträgern zu bekommen (vgl. Rehner 2004: 44). Eine empirische Studie der Harvard Universität hat gezeigt, dass der Unterschied zwischen den damaligen Korruptionswerten Mexikos (3,3) und Singapur (8,8) gleichbedeutend mit einer Erhöhung des Grenzsteuersatzes um 20 Prozentpunkte sei. Bereits eine Erhöhung dieses Steuersatzes um einen Prozentpunkt führt jedoch zu einem Rückgang der FDI um rund fünf Prozent (vgl. Frisch 1999: 94).

Diese Ausführungen zeigen die Notwendigkeit, Korruption zu bekämpfen. Nachfolgend werden einige Ansätze zur Lösung von Korruptionsproblemen vorgestellt, die natürlich nicht das gesamte Spektrum an Vorschlägen in der Literatur abdecken.

4.5 Ansätze zur Bekämpfung von Korruption

Wie in Kap. 4.3.1 beschrieben, entstehen durch Korruptionsgeschäfte höhere Transaktionskosten. Eine Strategie zur Korruptionsbekämpfung kann also auf eine weitere Erhöhung dieser Kosten abzielen, um derartige Geschäfte unrentabel zu machen. So erhöht eine geordnete Aufgabenteilung – beispielsweise für Planung, Durchführung und Kontrolle – bei der Vergabe öffentlicher Aufträge die Anzahl der involvierten Personen und somit die Organisations- und Geheimhaltungskosten für das Geschäft. Ebenfalls könnten potentielle Korruptionsmakler, also Makler, die im Auftrag anderer bei Amtsträgern zur Geschäftsanbahnung tätig werden, stärkeren Regulierungen und besonderen Strafvorschriften unterworfen werden, was ebenfalls die Kosten erhöhen würde (vgl. Lambsdorff 1999: 84).

Auch das Etablieren von Verhaltensstandards und Kodizes für Unternehmen wird als Mittel zur Korruptionsbekämpfung gesehen. Neben dem Verbot von Bestechung und Bestechlichkeit durch Unternehmensangehörige sind auch Richtlinien zu Geschenken und Bewirtung, Parteispenden, Beschleunigungszahlungen und Vergütungen für Vermittler vorgesehen (vgl. Heimann u. Mohn 1999: 541). Derartige Verhaltensstandards gelten Kritikern jedoch als völlig unzureichend; Korruption könne demnach nur durch staatliches Handeln unterbunden werden.

Gerade für den Bereich der staatlichen Verwaltung in Entwicklungsländern wird immer wieder angeregt, das allgemeine Lohnniveau anzuheben. Dies mache die Beamten unabhängiger von Bestechungszahlungen. Zu hinterfragen ist hier jedoch, ob die angesichts zerrütteter Staatsfinanzen möglich ist, oder ob, der Kausalität folgend, das Lohnniveau gerade auf Grund der Verdienste aus Bestechungsgeldern so niedrig ist (vgl. Lambsdorff 1999: 172).

Die Vielzahl der jeweiligen nationaler Richtlinien und Einzelmaßnahmen zur Korruptionsbekämpfung kann an dieser Stelle kaum abgearbeitet werden. Augrund ihres hohen Stellenwertes, gerade von dem Hintergrund von Internationalisierung und Globalisierung, sei hier jedoch auf das 1999 in Kraft getretene OECD-Abkommen vom 17.12.1997 hingewiesen. Die 30 Mitgliedsstaaten der Organisation, die für 30 % des Welthandels stehen, einigten sich mit dem „Übereinkommen über die Bekämpfung der Bestechung ausländischer Amtsträger im internationalen Geschäftsverkehr" auf ein Gesetzesinstrument, das gleiche Bedingungen in den Mitgliedsstaaten schaffen soll. Neben der Strafbarkeit der Bestechung ausländischer Beamten, die vor dem Inkrafttreten z.B. in Deutschland nicht verfolgt wurde, finden sich Richtlinien zur Geldwäsche sowie zu Bilanzierung, Rechnungslegung sowie Abschlussprüfung von Unternehmen (vgl. Sacerdoti 1999: 224).

Auch die WTO, die UN und natürlich die EU haben eine Reihe von Vereinbarungen zur Korruptionsbekämpfung verabschiedet, von denen Deutschland jedoch nicht alle ratifiziert hat.

Neben den genannten staatlichen Initiativen und Übereinkünften ist im Rahmen der Korruptionsbekämpfung auch die Nichtregierungsorganisation Transparency International zu nennen, der das nächste Kapitel gilt.

4.6 Transparency International

Die 1993 in London und Berlin gegründete NGO Transparency International ist wohl die meistbeachtete und einflussreichste private Vereinigung mit dem Ziel der weltweiten Korruptionsbekämpfung. Für Deutschland hat sich die Organisation, neben der Umsetzung der OECD-Übereinkunft, Transparenz im Gesundheitswesen, die Verankerung des Themas Korruption an den Hochschulen, Schutz und Unterstützung für Hinweisgeber („Whistleblower") sowie Stärkung der Korruptionsprävention in der Verwaltung zum Ziel gesetzt. Die Organisation ist jedoch auch international stark vertreten, mittlerweile in fast hundert Ländern.

Neben einer Vielzahl von Publikationen zu Korruptionsfällen und Ratgebern zur Korruptionsbekämpfung veröffentlicht die Organisation seit 1995 einen jährlichen Bericht zur internationalen Korruption, den Global Corruption Report (http://www.globalcorruptionreport.org). Dieser umfasst sowohl eine Vielzahl von Publikationen zur Entwicklung und Eindämmung der Korruption in verschiedenen Ländern, als auch den Corruption Perceptions Index (CPI). Dieser wurde für das Jahr 2003 für 133 Länder erstellt, wobei jedes Land mit einem Wert zwischen 0 (korrupt) und 10 (frei von Korruption) bewertet wird. Der Index ist eine Zusammenführung 17 verschiedener Rankings von insgesamt 13 Institutionen. Unter anderem werden Korruptionsberichte der Weltbank, des World Economic Forum, PricewaterhouseCooper, der Columbia University und der Political and Economic Risk Consultancy herangezogen. Auf diese Weise gewinnt der Index eine hohe Reliabilität und Aussagekraft.

Transparency International stützt sich auf einen internationalen Beirat dem prominente und anerkannte Persönlichkeiten wie z.B. Richard v. Weizsäcker und Jimmy Carter angehören. In Deutschland sind maßgebliche Vertreter aus Wirtschaft, Politik und Zivilgesellschaft aktiv für TI tätig. Die Organisation sucht in ihrer Arbeit nicht die Konfrontation, sondern die Kooperation mit Regierungen, Verwaltungen und der Wirtschaft. Grundüberzeugung ist dabei, dass Demokratie mit ihren Werten nur in Form einer korruptionsfreien Demokratie überleben kann, da Korruption maßgebliche Bestandteile wie gleichen und freien Zugang zu entscheidungsrelevanten Informationen sowie Transparenz, Rechtsstaatlichkeit und Meinungsfreiheit untergräbt (vgl. Transparency International 2004). Die Bemühungen der Organisation sind somit nicht hoch genug einzuschätzen

Nach diesen Ausführungen wird in der folgenden Schlussbetrachtung eine zusammenfassende Betrachtung der vorangegangenen Darstellungen vorgenommen.

5 Fazit

In dieser Arbeit wurden die beiden Phänomene Klientelismus und Korruption in ihren Ursachen und Auswirkungen untersucht. Ihre Darstellung als informelle Netzwerke wurde dabei unter anderem dadurch erreicht, dass auf die hohe Bedeutung interpersonaler Beziehungen und ihre Bedeutung für gesellschaftliche Strukturen verwiesen wurde.

Bei der Analyse des Klientelismus und seiner Folgen wurde deutlich, dass in Gesellschaften mit kollektivistischer Prägung informelle persönliche Netzwerke eine tendenziell höhere Bedeutung haben als in individualistischen. Bei einem bestimmten Ausmaß können diese jedoch einen sehr negativen Effekt auf die volkswirtschaftliche Entwicklung haben.

Bei der Betrachtung der Korruption wurde mit der Darstellung der negativen Auswirkungen auf die Akteure vor dem Hintergrund der Transaktionskostentheorie auch der Bezug zu ökonomischen Netzwerktheorie hergestellt. Weiterhin wurden einige Ansätze zur Korruptionsbekämpfung vorgestellt sowie die Arbeit der NGO Transparency International gewürdigt.

Insgesamt wird deutlich, dass persönliche Präferenzen und Bereicherungen von Entscheidungsträgern, Nepotismus und Korruption in Verwaltung, Wirtschaft und Politik und damit letztendlich informelle persönliche Beziehungsnetzwerke einen großen Einfluss auf das Erscheinungsbild wirtschaftlicher Aktivitäten haben. So sollten z.B. bei der Betrachtung von Entwicklungsländerproblematik, industriellen Standortentscheidungen, internationalen Handelsströmen und Direktinvestitionen neben den rein ökonomischen Gesichtspunkten auch die hier abgehandelten Phänomene des Klientelismus und der Korruption zur Erklärung bestimmter Muster herangezogen werden.

Auch die Wirtschaftsgeographie wendet sich verstärkt dem Ansatz der Embeddedness der Akteure zu. Diese Einbettung in einen sozialen Kontext kann sich, wie die Darstellungen dieser Arbeit zeigen, auch in einer Einbettung in klientelistische und korruptive informelle Netzwerke äußern.

Literaturverzeichnis

Ackermann, S.-R. (1999): Globale Wirtschaft und Korruption. In: Pieth, M. u. Eigen, P. (Hrsg):
Korruption im internationalen Geschäftsverkehr. Bestandsaufnahme, Bekämpfung, Prävention. Neuwied, S. 40-54.

Altenburg, T. u. Haldenwang, C. (2002): Wirtschaftliche Entwicklung auf breiter gesellschaftlicher Basis - eine Reformagenda für Lateinamerika (=Arbeitspapiere Deutsches Institut für Entwicklungspolitik, Bonn) URL: http://www.die-gdi.de/die_homepage.nsf/6f3fa777ba64bd9ec12569cb00547f1b/2afbf571e27d95f3c1256e6e0059095e/$FILE/_6a9imcrridlgmepbechgi0pk1e8g4 oobkclkmsobdclp6iqr1_.pdf (Abrufdatum 30.08.04)

Antezana Mendoza, I. V. (1990): *Agrarfinanzierung in Entwicklungsländern. Zur Diskussion über Agrarbanken und ihre Politik des subventionsierten Kredits – unter besonderer Berücksichtigung der Korruption.* (=Europäische Hochschulschriften, Reihe V, Bd. 1108). Frankfurt/Main.

Bannenberg, B. (2002): *Korruption in Deutschland und ihre strafrechtliche Kontrolle. Eine kriminologisch-strafrechtliche Analyse*. Neuwied – Kriftel.

Bathelt, H. u. Glückler, J. (2002): *Wirtschaftsgeographie. Ökonomische Beziehungen in räumlicher Perspektive*. Stuttgart.

Berg, W. (1997): *Bananenrepublik Deutschland*. Landsberg am Lech.

Bestler, A. (1996): *Ohne Schutzpatrone kommt man nicht in den Himmel. Der parteipolitisch vermittelte Klientelismus in Malta*. Augsburg

Betz, J. u. Köllner, P. (2000): „Informelle Politik im internationalen Vergleich". (=Arbeitspapiere des Deutschen Übersee Institut, AP 12/2000). URL http://www.duei.de/de/content/forschung/pdf/ap1.pdf (Abrufdatum 30.08.2004).

Dost, M. (2002): „Klientelismus und Patronage als Determinanten und Katalysatoren mafioser Strukturen in Sizilen" Magisterarbeit zur Erlangung des akademichen Grades M.A., Friedrich –Schiller-Universität Jena. http://www.criminologia.de downloads/ lientelismus.pdf (Abrufdatum 19.08.2004)

Dülfer, E. (1995): *Internationales Management in unterschiedlichen Kulturbereichen*. München – Wien.

Eisenstadt, S. u. Roniger, L. (1980): "Patron-Client Relations as a Model of Structuring Social Exchange." In: Comparative Studies in Society and History, 22, S. 42-77.

Frisch, D. (1999): „Entwicklungspolitische Gesichtspunkte der Korruption." In: Pieth, M. u. Eigen, P. (Hrsg): *Korruption im internationalen Geschäftsverkehr. Bestandsaufnahme, Bekämpfung, Prävention*. Neuwied, S. 89-99.

Gerhardter, G. (2001): *Netzwerkorientierung in der Sozialarbeit. Eine überblicksartige Zusammenstellung zu „Soziale Netzwerke" und „Organisationsnetzwerke"*. URL: http://www2.fh-stpoelten.ac.at/~lbpantucek/2_ih/netzwerk.pdf (Abrufdatum 19.08.04)

Gouldner, A. (1977): "The Norm of Reciprocity: A Preliminary Statement." In: Schmidt, S. (Hrsg.): *Friends, Followers and Factions*. London. S. 28-43

Grabendorff, W. (2003): *Lateinamerikas unsichere Zukunft.* (=Das Parlament, Nr. 38-39, 15.09.2003). URL: http://www.das-parlament.de/2003/38_39/Beilage/001.html. Abrufdatum (04.10.2004)

Gray, C. u. Kaufmann, D. (1998): *Korruption und Entwicklung* (=Finanzierung und Entwicklung, März 1998). URL: http://www.worldbank.org/wbi/governance /pdf/ gray_german.pdf (Abrufdatum 05.10.2004)

Heimann, F. u. Mohn, C. (1999): In: Pieth, M. u. Eigen, P. (Hrsg): *Korruption im internationalen Geschäftsverkehr. Bestandsaufnahme, Bekämpfung, Prävention.* Neuwied, S. 531-548.

Hofstede, G. (1997): *Lokales Denken, globales Handeln. Kulturen, Zusammenarbeit und Management.* München

Jansen, D. (2003): *Einführung in die Netzwerkanalyse.* Opladen.

Koob, D. (1999): *Gesellschaftliche Steuerung. Selbstorganisation und Netzwerke in der modernen Politikfeldanalyse.* Marburg.

Koreman, L. (2004): *Soziale Netzwerke und Mentoring* (=Unterrichtsforschung zur Pädagogischen Psychologie, Praxis und Evaluation, Nr. 17). München.

Lambsdorff, J. (1999): „Korruption als mühseliges Geschäft – eine Transaktionskostenanalyse" In: Pieth, M. u. Eigen, P. (Hrsg): *Korruption im internationalen Geschäftsverkehr. Bestandsaufnahme, Bekämpfung, Prävention.* Neuwied, S. 56-84.

Lomnitz, L. (1992): Die unsichtbare Stadt: Familiäre Infrastruktur und soziale Netzwerke im urbanen Mexiko. In: Briesemeister, D. und Zimmernamn, K. (Hrsg.): Mexiko heute. Politik Wirtschaft Kultur. Frankfurt/Main. S. 419-437.

Marschdorf, H. J. (1999): „Möglichkeiten der Feststellung und Prävention von Bestechungsleistungen aus Sicht des Bestechenden". In: Pieth, M. u. Eigen, P. (Hrsg): *Korruption im internationalen Geschäftsverkehr. Bestandsaufnahme, Bekämpfung, Prävention.* Neuwied, S. 423-441.

Mühlmann, W./Llaryora, R.J. (1968): *Klientschaft, Klientel und Klientelsystem in einer sizilianischen Agro-Stadt.* Tübingen.

Picot, A., Dietl, H. und Franck E. (1999): Organisation. Eine ökonomische Perspektive. Stuttgart.

Rautenstrauch, T. (2003): *Kooperationen und Netzwerke* (=Unternehmensführung und Controlling in der Praxis, Band 1). Köln.

Rehner, J. (2004): *Netzwerke und Kultur – Unternehmerisches Handeln deutscher Manager in Mexiko* (= Wirtschaft & Raum, Band 11). München

Reinhold, G. (1997): *Soziologie-Lexikon*. München, Wien.

Ricks, S. (1995): *Ökonomische Analyse der Wirtschaftskriminalität unter besonderer Berücksichtigung der Korruption und Bestechung*. Marburg.

Roth, K u. Spiritova, M. (2004): „Die Rolle des Vertrauens, der Sozialbeziehungen und informellen Netzwerke in verschiedenen Transformationsländern". In: Maier, J. (Hrsg): Vertrauen und Marktwirtschaft. Die Bedeutung von Vertrauen beim Aufbau marktwirtschaftlicher Strukturen in Osteuropa (=forost, Arbeitspapier Nr. 22), S. 27-34. http://www.fak12.uni-muenchen.de/forost/fo_library /forost_ Arbeitspapier_22.pdf (Abrufdatum 23.08.2004)

Rudner, N. (1996): *Der mexikanische Wirtschaftsstil*. (=Schriften zu Lateinamerika 7). München

Sacerdoti, G. (1999: „Das OECD-Übereinkommen 1997." In: Pieth, M. u. Eigen, P. (Hrsg): *Korruption im internationalen Geschäftsverkehr. Bestandsaufnahme, Bekämpfung, Prävention*. Neuwied, S. 212-227.

Satarow, G. (2004): *Korruption in Russland zu Beginn des 21. Jahrhunderts.* (=Russlandanalysen, Nr. 27). URL: www.forschungsstelle.uni-bremen.de/10_dokument/1001_pdf/pub/ russlandanalysen/Russlandanalysen27.pdf (Abrufdatum 04.10.2004)

Schamp, E. (2000): *Vernetzte Produktion. Industriegeographie aus institutioneller Perspektive*. Darmstadt.

Schmidt, S. (2001): „Demokratien mit Adjektiven" Die Entwicklungschancen defekter Demokratien. (= E + Z – Entwicklung und Zusammenarbeit, Nr. 7/8, 2001) URL: http://www.inwent.org/E+Z/1997-2002/ez7801-7.htm (Abrufdatum 30.08.2004).

Scott, A.J. (1988): *New Industrial Spaces. Flexible Production Organization and Regional Development in North America and Western Europe*. London.

Transparency International (2004a): Transparency International, Deutsches Chapter e.V. URL: http://www.transparency.de/ (Abrufdatum 04.10.2004).

Transparency International (2004b): Global Corruption Report 2004. URL: http://www. globalcorruptionreport.org/ download.htm (Abrufdatum 11.09.2004)

Twickel, C (2001): *Beziehungen und Netzwerke in der modernen Gesellschaft – Soziales Kapital und normative Institutionenökonomik*. Band 2. Münster

Voigt, A. (1997): *Korruption im Wirtschaftsleben. Eine betriebswirtschaftliche Schaden-Nutzen-Analyse*. Wiesbaden.

Weber Pazmiño, G. (1991): *Klientelismus – Annäherungen an das Konzept*. Zürich.

Weyer, J. (2000): *Soziale Netzwerke – Konzepte und Methoden der sozialwissenschaftlichen Netzwerkforschung*. München, Wien.